爱上自然课
AISHANG ZIRANKE

陆地统治者：爬行动物
LUDI TONGZHIZHE: PAXING DONGWU

知识达人 编著

成都地图出版社

图书在版编目（CIP）数据

　　陆地统治者：爬行动物 / 知识达人编著 . — 成都：
成都地图出版社 , 2017.1（2021.7 重印）
　　（爱上自然课）
　　ISBN 978-7-5557-0308-2

　　Ⅰ . ①陆… Ⅱ . ①知… Ⅲ . ①爬行纲—青少年读物
Ⅳ . ① Q959.6-49

　　中国版本图书馆 CIP 数据核字 (2016) 第 094270 号

爱上自然课——陆地统治者：爬行动物

责任编辑： 向贵香
封面设计： 纸上魔方

出版发行： 成都地图出版社
地　　址： 成都市龙泉驿区建设路 2 号
邮政编码： 610100
电　　话： 028－84884826（营销部）
传　　真： 028－84884820

印　　刷： 唐山富达印务有限公司
（如发现印装质量问题，影响阅读，请与印刷厂商联系调换）

开　　本： 710mm×1000mm　1/16
印　　张： 8　　　　　　　**字　　数：** 160 千字
版　　次： 2017 年 1 月第 1 版　　**印　　次：** 2021 年 7 月第 4 次印刷
书　　号： ISBN 978-7-5557-0308-2

定　　价： 38.00 元

史密斯爷爷

　　美国人，大学教授，科学探险家，喜欢周游世界。风趣幽默，知识渊博，深受子们的喜欢与爱戴。

鲁约克

　　十岁的美国男孩，性格质朴憨厚，喜欢美食，但做事时意志力不强。

龙龙

十岁的中国男孩，聪明机智，活泼好动，对未知世界充满好奇。

安娜

九岁的美国女孩，史密斯爷爷的孙女，文静、胆小，做事认真。

目录

目录

引言

暑假，雨后放晴的傍晚，一抹夕阳照进了史密斯爷爷的书房。史密斯爷爷正躺在长椅上熟睡，喜爱看书的安娜则在书房里看着《十万个为什么》。现在，她正看到"为什么变色龙善于变色？"这一问。

1

"变色龙身上的颜色是不固定的，当它静静趴在草丛里时，它的颜色就变成草绿色；当它停歇在树干上时，它的颜色就变成树干一样的棕色；当它在土地中爬行时，它的颜色又会变成泥土的颜色。这样随时变换颜色其实是变色龙的一种自我保护手段……"认真的安娜做事情总是很投入，不由得轻轻地念出声来。

　　这时，龙龙和鲁约克走了进来，见安娜正在读书，便悄悄来到了她的身后。

　　龙龙一下子从后面钻出来，大叫一声："哇！"安娜被吓了一跳，使劲瞪了龙龙一眼，低头看见龙龙的手里捏着一只知了，又吓了一跳。

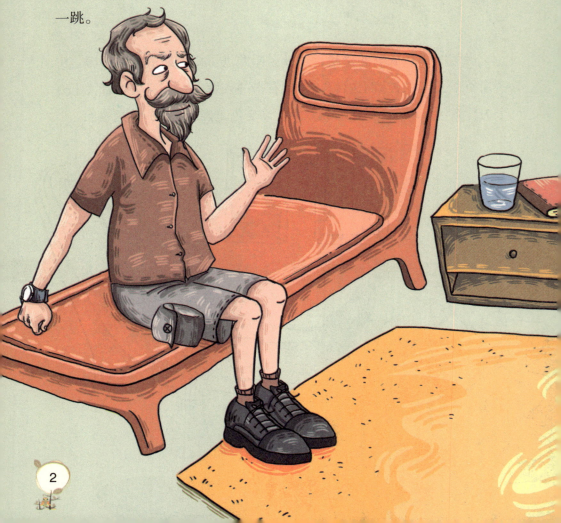

鲁约克说："你的胆子也太小了，怎么跟我们出去探险啊！到时候看到的动物都比这个小虫子可怕，你岂不是要吓死了？"

听说要出门旅行，安娜立刻忘记了害怕，举着手里的书说："我刚才还在看变色龙的介绍呢！我最喜欢研究动物了，史密斯爷爷又要带我们去哪里呀？"

躺在长椅上的史密斯爷爷被三个小家伙吵醒了，坐起来对他们说："咱们的下一站是古老而又神秘的斯里兰卡，探索爬行动物的世界，好好准备行囊，我们后天就出发吧！"安娜、龙龙和鲁约克都高兴地大声欢呼起来。

第一章

爬行动物知多少

安娜正在房间收拾行李，突然，她大叫了一声："啊！"声音中带有惊恐。龙龙和鲁约克立刻跑进她的房间，问："安娜，出什么事了？"史密斯爷爷听见后也赶了过来。

安娜吓得说不出话来，只用颤抖的手指着墙壁。龙龙和鲁约克一看，原来是一只壁虎，都笑了起来。鲁约克笑着说："女孩子就是爱

大惊小怪的，哈哈……"

安娜说："壁虎那么难看，怎么不可怕？我一见它，腿就变软了……"

见此状况，史密斯爷爷也笑了。

史密斯爷爷想起一个问题，便问孩子们："壁虎是属于什么类型的动物，你们谁知道？"

"是爬行动物，因为它会用四肢爬着走路！"鲁约克抢先回答。

"那有谁知道壁虎爬墙、爬

刚

天花板也不会掉下来是什么原因吗？"史密斯爷爷接着问。

龙龙回答道："因为壁虎的四个脚掌上都长有神奇的吸盘，所以在光滑的表面上行走也不怕掉下来。"说完还冲安娜做了个鬼脸。安娜不信，回头看向史密斯爷爷。

史密斯爷爷笑着说："你是看过电影《蜘蛛侠》才这样说的吧！其实不是这样的。壁虎能爬墙，不是因为它的脚上有吸盘，而是因为它的脚上长有刚毛。刚毛又细又小，还有很多分支，能与物体的表面产生巨大的分子引力。这才是壁虎们'飞檐走壁'的秘诀！"

鲁约克一听，惊得睁大了眼睛，喃喃地说："原来是这样，我要有一双和壁虎一样的手脚，就能像蜘蛛侠一样，穿梭在大厦之间行侠仗义了……"

看着发呆的
鲁约克，安
娜拍了他一
下，笑道：
"又开始神游了，想
到哪里去行侠仗义啊？"被安娜说中
心事，鲁约克不好意思地挠了挠头。

史密斯爷爷说："孩子们，我们明天去斯里兰卡，主要是去看爬
行动物，你们对爬行动物知道多少啊？"

龙龙抢先回答："绝大多数的爬行动物有一个共同的特征，就是
身体上长有鳞片或者坚硬的外壳。比如蛇、鳄鱼等身上都长有鳞片，

乌龟的身上则长着又厚又硬的外壳。这是它们用来保护自己的盔甲，就像骑士一样。此外，爬行动物不像其他动物那样会产生足够的热量，所以大部分都属于冷血动物。"

"龙龙回答得不错哦！爬行动物是个很庞大的动物体系，有没有谁知道它的分类呢？"史密斯爷爷把目光转向正在思考的安娜。

安娜从凳子上站起来，一边用手比画一边说："我昨天刚查完书，知道现存的爬行动物有四类：第一类是龟鳖目，有乌龟、海龟、甲鱼等成员；第二类是喙头蜥目，它的成员喙头蜥是现存最原始的爬行动物；第三类是有鳞目，蜥蜴和蛇都是这一类的成员，我们常说的壁虎、变色龙等都属于蜥蜴；第四类是鳄目，也就是各种鳄鱼。另外，远古时代的恐龙也属于爬行动物。"

"嗯，你说得也很对！"史斯爷爷满意地点点头，"爷爷再补充几句。爬行动物也叫爬虫类动物。因为不用保持体温稳定，所以吃很少的食物也能维持生命。另外，爬行动物中的温血动物，通常移动速度都较快，像某些蜥蜴、蛇及鳄鱼都是这样的。爬行动物还属于卵生动物。这些都是爬行动物的特点。

从生物进化的角度来看，所有的生物都是从水里开始进化的，爬行动物也不例外。一些进化成功的生物渐渐地来到陆地上，就成为了爬行动物。

最早期的爬行动物，出现在距今约3.2亿～3.1亿年的石炭纪晚期。不过，在距今约2.5亿年的时候，它们中有一部分灭绝了。在那以后，那些幸存的爬行动物进化成了恐龙。恐龙在地球上共生存了近1.6亿年，从三叠纪后期到白垩纪末期，恐龙一直是陆地上的优势动物群体。因此中生代也常

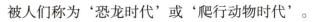

被人们称为'恐龙时代'或'爬行动物时代'。

爬行动物是统治陆地时间最长的动物。在恐龙时代，爬行动物不仅是陆地上的绝对统治者，也是海洋和天空的统治者，地球上没有任何一类其他生物有过如此辉煌的历史。"

"哇噻！独霸地球！当时的爬行动物一定很酷吧？"龙龙甩一下刘海，摆了一个很酷的姿势。

"不过，在距今约0.6亿年的白垩纪末期，发生了一次生物大灭绝，大部分爬行动物都灭绝了，只有龟鳖类、喙头蜥、蜥蜴、蛇、蚓

蜥、鳄鱼存活了下来，并一直繁衍到现在。现存的爬行动物大约有8200种，其中多数为蛇类，主要生存在热带和亚热带地区。"

史密斯爷爷一口气讲了这么多，见三个孩子都听得很认真，十分高兴，笑着说道："时候不早了，我们明天还有新的旅程呢，大家都早点休息吧。"

【盔甲骑士】

每一个生命体都要呼吸，但是爬行动物的皮肤十分干燥，缺乏腺体，所以早已失去了呼吸的功能。为了保护自己，防止身体内的水分丢失，爬行动物的身上往往长有一层坚固的盔甲，所以人们也常把爬行动物称为"盔甲骑士"。

第二章

路途漫谈斯里兰卡

三个孩子一大早就拎着昨天晚上收拾好的行囊来到了机场大厅，一同跟着史密斯爷爷坐上了飞往斯里兰卡的飞机。

调皮的龙龙戳了一下安娜说："我和鲁约克昨晚兴奋得

睡不着，在电脑上看斯里兰卡的风景照，真是美啊！"

"嗯嗯！斯里兰卡不仅风景好看，饮食也很有特色，嘿嘿……"正在吃着糕点的鲁约克插话了。

"哈哈，鲁约克，你的回答，满分！"安娜看到鲁约克嘴角的残留物大笑起来。

史密斯爷爷看了一眼鲁约克，也笑了起来："孩子们，别总想着吃和玩，你们对斯里兰卡的了解有多少呢？"

安娜说："斯里兰卡是一个热带岛国，一直有'宝石王国'和'印度洋上的明珠'的称号。那里的海滨美丽绝伦，那里的古城神秘莫测。"

史密斯爷爷竖起一个大拇指，对安娜表示赞扬。安娜不好意思地

13

笑着说："我也是昨天晚上看的。"

龙龙撇撇嘴，说："我也有准备。你们知道吗，斯里兰卡的全称是斯里兰卡民主社会主义共和国。中国古代称那里为锡兰、狮子国、僧伽罗等。斯里兰卡有世界上的第八大奇迹——狮子岩上的锡吉里亚古城。狮子岩是大自然与人的力量的完美结合，既神秘又宏伟，是游览斯里兰卡必看的景观。"

安娜也不甘示弱，说道："我还知道好多呢。嗯，斯里兰卡的气候属于热带季风性气候。斯里兰卡全年的气温都很高，沿海地区的平均最高气温为30℃左右，比内地稍微高上几摄氏度。那里没有春夏秋冬四季的划分，只有雨季和旱季的分别。这些地理知识，我研究了好久呢。"

鲁约克也按捺不住自己激动的心情参与到了讨论中："我知道斯里兰卡最著名的特产是锡兰红茶。不过，我不太了解斯里兰卡的历

史。史密斯爷爷，您给我们讲一讲好不好？"

　　"没问题。"史密斯爷爷一口答应下来，"2500年前，印度北方的雅利安人来到了斯里兰卡，并在那里建立起了自己的王朝。公元前2世纪左右，印度南部的泰米尔人也开始向斯里兰卡移民。从5世纪到16世纪，雅利安人和泰米尔人在斯里兰卡建立的两个王朝之间不断发生战争。16世纪，西方殖民者来到了斯里兰卡。那里先是被荷兰统治，后来被葡萄牙统治，到了18世纪，又被英国统治。直到1948年2月4日，斯里兰卡才获得独立，并把国家的名字定为锡兰。1972年5月22日，锡兰改名为斯里兰卡共和国。1978年8月16日，这个国家再次改名为斯里兰卡民主社会主义共和国。2009年5月，这个国家终于结束了持续30年的内战。"

"说了半天，斯里兰卡是什么意思啊？"龙龙好奇地问。

史密斯爷爷回答道："斯里兰卡这个词在当地语言中代表'光明、富饶的土地'。"

史密斯爷爷喝了口水，继续说道："斯里兰卡虽然是个岛国，但它的历史非常悠久，已经有两千多年了！斯里兰卡有很多人文景观和艺术瑰宝，它还是世界上生物物种最丰富的国家之一！斯里兰卡拥有很多美丽的自然风光，在那里，咱们可以去海滨欣赏日出、日落，也

可以去热带雨林中与野生的大象、猎豹、孔雀进行近距离接触……"

听了史密斯爷爷的描述，三个孩子都好想马上踏入那个梦幻般的美丽世界："史密斯爷爷，我们是不是就快到了？"

史密斯爷爷笑着说："不要急，我们先休息一会，飞机还要飞很久呢！"

【斯里兰卡】

斯里兰卡位于印度半岛的东南部，与印度半岛仅隔了一道海峡。它的地理位置接近赤道，特殊的地理位置赋予了斯里兰卡独特的美丽。斯里兰卡没有四季的变换，年均气温在28℃左右，年平均降水量约为1200毫米至3000毫米。

第三章

斯里兰卡美丽的岛国风情

车子缓缓地开进了斯里兰卡。碧水蓝天，到处是富有欧洲风情的古城，一片片迷人的风景映入了四人的眼帘。

望着窗外的美景，三个孩子都兴奋不已，探着小脑袋往外看。安娜突然惊喜地喊道："鲁约克、龙龙，快看！那里

有一片茶园！"

鲁约克和龙龙顺着安娜手指的方向望去，满眼的浓绿让人感觉特别清新。"这些茶园都好大哦！如果有机会，我们一定要去尝尝新茶的味道。"鲁约克抿抿嘴巴说。

听到他们的谈话，史密斯爷爷开口了："爷爷一定会带你们去尝新茶的。斯里兰卡可是锡兰红茶的产地，来到这里不去品尝锡兰红茶，岂不是白来了？锡兰红茶是世界四大红茶之一，主要有乌沃茶或乌巴茶、汀布拉茶和努沃勒埃利耶茶等几个品种。"

"斯里兰卡的红茶那么有名啊，那史密斯爷爷，您什么时候带我们去尝啊？"鲁约克挠了挠他的小脑袋。

"别急，等到了住宿的地方，爷爷就请你们喝茶！"史密斯爷爷笑着说。三个小家伙开心极了。

早晨的阳光特别明媚，史密斯爷爷带着

三个孩子经过一段时间的颠簸，终于抵达了本托塔的海边度假村。安顿好一切后，安娜、鲁约克和龙龙都激动不已地跑了出去，要好好领略一下斯里兰卡的美丽。

三个人一口气跑到了度假村的前面。放眼望去，绵延数千米的黄金海岸线、棕榈树萦绕的沙滩以及各种各样的水上娱乐活动，把三个人的眼睛都看直了。三个小鬼迫不及待地想好好玩一玩。安娜把鞋子脱掉，走到海边，转过头对岸边的龙龙和鲁约克说："这沙滩好松软啊，这海水好蓝啊，听着海浪的声音，真是太惬意啦！你们俩也一起来吧。"看着眼前如画一样美丽的大海，龙龙和鲁约克也愣住了。

"天呐，这里的海景简直和三亚的亚龙湾有得一拼啊！"龙龙欣喜地说。

"我觉得这里简直就是人间仙境！"鲁约克由衷地赞叹道。说着，龙龙和鲁约克也把鞋子脱了，与大海亲密接触去了。

正当三个孩子在海边玩得高兴的时候，史密斯爷爷来了。他把三个孩子叫到一起，笑着问："孩子们，想不想坐快艇啊？""想，想！"三个孩子齐声回答。"哈哈，就知道你们都会想。走吧，爷爷带你们去坐快艇。"史密斯爷爷牵起安娜和鲁约克的手慢走着，龙龙则兴奋地跑在最前面。

史密斯爷爷租了一艘快艇，三个孩子穿好救生衣就激动地坐了上去。史密斯爷爷握着快艇的方向盘，由慢到快地驶入了大海中，快艇急速行驶激起的浪花不时地洒在他们的脸上，风声也从耳边呼啸而过。

坐完了快艇，四个人一起躺在沙滩椅上沐浴阳光。鲁约克坏笑地看了史密斯爷爷一眼，拉起他的手说："史密斯爷爷，我有些饿了。"史密斯爷爷一看手表，也的确快到吃饭的时间了，就说："那咱们走吧，爷爷带你们去吃斯里兰卡最具特色的煮稻，顺便也让你们尝尝最纯正的锡兰红茶。""太好了！"三个孩子一同欢呼雀跃。

回到度假村饭店，史密斯爷爷点了四份煮稻。不一会儿，服务员就把煮稻端到了饭桌上。看着摩拳擦掌的三个孩子，史密斯爷爷说："咱们开动吧。"三个孩子立刻津津有味地吃了起来。

看着他们吃得这么香，史密斯爷爷假装不解地说："对于煮稻，你们知道多少呢？"

煮稻

龙龙一边吃，一边得意地说："煮稻，煮稻，顾名思义，就是把米给煮一下呗。"

这样的回答差点让安娜和鲁约克把嘴里的饭喷出来。

史密斯爷爷点点头说："龙龙的回答也不能说是错的，可也不全对。实际上，斯里兰卡人在饮食方面与印度相似，都是以大米为主食，并且喜欢吃鸡肉。他们的口味偏重，对甜食及辛辣口味的食物有着特殊的喜好。斯里兰卡人喜欢在烹调中加入咖喱、辣椒、椰子油等调料，红辣椒更是最常用的调料之一。我们现在吃的煮稻，就是把大米洗净，再放入大瓦罐中加水煮熟。用这种方式煮熟的大米，色泽微黄，便于贮藏，可以随时食用，香味也不容易发生变化。想吃的时候，只需要把饭放在盘子或芭蕉叶上，再加上各种小菜，淋上椰肉汁就好。"

说完，史密斯爷爷用手沾了沾水，突然用手去抓饭，大口吃了起来。三个孩子看到他的这种吃法，全都愣住

辣椒粉

香叶

椰子油

咖喱

了。史密斯爷爷笑着解释道："这是斯里兰卡的用餐习俗哦！斯里兰卡人习惯用手抓饭吃，这一点和印度尼西亚人有点像。他们在吃饭的时候，习惯在饭桌边放上一碗清水，一边抓饭，一边不时地用手沾点清水，防止米粒粘在手上，然后，用右手将米饭揉成一小团，就可以送进嘴里吃了。你们也可以试试，这样吃很开胃哦！"听了史密斯爷爷的解释，三个孩子恍然大悟："原来如此啊！"

不一会儿，三个孩子面前的碗就都空了。他们坐在那，不住地赞叹煮稻的美味。史密斯爷爷无奈地叹了口气，说："唉，人老喽，吃饭的速度都慢下来了。"三个孩子忍不住都笑了："爷爷，您别这样说嘛，您刚刚是光顾着给我们介绍煮稻，所以才吃得慢。嘻嘻……"

鲁约克摸了摸自己鼓鼓的肚子，说："史密斯爷爷，我吃得太多，有些撑着了，您给我要点红茶，我喝下去好促进消化。"

牛奶

斯里兰卡红茶

"哈哈，看来在吃这方面，鲁约克是永远不会甘居人后的！"史密斯爷爷摸了摸自己的胡子，爽朗地笑着，找服务员点了四杯红茶。

不一会儿，服务员就把红茶端上来了。等了许久的鲁约克立马端起杯子，大口大口地喝了起来。看到他的喝法，史密斯爷爷赶紧拿下了他的杯子，表情严肃地说："茶可不是这样喝的，要慢慢地品尝，你看爷爷是怎么喝的。"

三个孩子都认真地看向史密斯爷爷，只见他端起杯子，往红茶中加入了适量的牛奶，又从服务员给的盒子里拿出两块方糖放进去，一起搅匀了。

安娜不解地问："爷爷，您为什么要这么做呢？"

史密斯爷爷回答说："因为斯里兰卡红茶与牛奶是最佳拍档，添加一些牛奶可以使红茶的味道更加丰富。还有，放方糖的小匙子在用完后要放在杯边碟子的边缘，而不能斜搁在杯中，那会有损你们喝茶时的形象。安娜是女孩子，更要注意这一点哦。"

安娜撇撇嘴说："我才不会那样失礼呢。"说着就按照史密斯爷爷的方法喝起了红茶。而这时，鲁约克的红茶已经喝下去一大半了。大家看着他，都无语地笑了起来。

史密斯爷爷见龙龙也喝得差不多了，就问他们要不要再来一杯。三个孩子都开心地点了点头，史密斯爷爷却大笑着说："孩子们，我

【锡兰红茶】

锡兰红茶是斯里兰卡红茶的另一种说法。这种茶在世界上享有很高的知名度，与印度的大吉岭红茶、阿萨姆红茶、中国的祁门红茶并称为世界四大红茶。锡兰红茶味偏重，稍带一点点涩，但它有着独特的麦芽香味；大吉岭红茶的味道中融合着一种葡萄香，口感十分柔和；阿萨姆红茶茶性浓烈，泡出的茶水清透鲜亮；祁门红茶口味偏苦，但香气隽永。

们在斯里兰卡的这段日子，你们还要注意一点。在这里，点头和摇头的含义与中国刚好是相反的。也就是说，在这里，点头表示不是，摇头才代表是。"

史密斯爷爷话音刚落，三个小家伙立马把头摇得跟拨浪鼓似的，表示领会了。史密斯爷爷开心地捋着胡子，对他们微笑着。

第四章

红树林巧遇圆鼻巨蜥

"史密斯爷爷，您说斯里兰卡是世界上生物物种最丰富的国家之一，那咱们什么时候可以见到那些独特的生物呢？"龙龙忍不住问。

"等不及了吧！爷爷待会儿就带你们去斯里兰卡的山区寻找圆鼻蜥，怎么样？"史密斯爷爷捋捋胡子，神秘地说。

来到山区，史密斯爷爷放下鼓鼓的行囊，先舒了一口气。安娜看着行囊，好奇地问道："爷爷，您这包里装的都是些什么啊？"史密斯爷爷回答说："为了近距离地与野生动物接触，了解它们的习性，我们今天晚上要在山区露营，所以爷爷把帐篷、睡袋、指南针、雨具、风油精和手电筒这些必不可少的物品都带来了。"

"哇，爷爷，您想得可真周到，这样我们就可以真真切切地接触大自然了。"安娜拍着手说。

这时，鲁约克从自己的小背包里拿出望远镜，笑嘻嘻地说："你们看，我还带了这个呢！"

"望远镜？"龙龙奇怪地看向鲁约克。

"没错。接触大自然怎么可以少得了望远镜呢？有了望远镜，我们才可以在不打扰到动物的情况下仔细观察它们的生活呀！"鲁约克得意地解释道。史密斯爷爷也满意地点了点头，夸赞鲁约克很细心。

山区里有很多河流，史密斯爷爷从当地居民那里借来了一只小船，载着三个小家伙在丛林中穿梭。

"大家注意喽，我们现在已经来到了斯里兰卡茂密的丛林中，待会儿你们就可以看到保存完好的红树林生态系统了。"史密斯爷爷先来了段山区探险的开场白，"这些茂密的管状植物中，有可能栖息着许多鸟、鱼、蛇、蜥蜴等动物，当我们的船经过时，它们可能会受惊，然后突然出现在我们的视野里。你们要先做好心理准备，不要被吓到哦。"三个孩子听了，心里都充满了期待，觉得真是又惊险又刺激。

鲁约克坐在船上，拿着望远镜来回地望，希望能够发现什么动物。一向对任何事情都很好奇的龙龙耐不住寂寞，一把夺过鲁约克手中的望远镜，一边透过小小的镜头向神秘的丛林望着，一边说道："让我也瞧瞧。"

突然，他像发现了新大陆般激动地喊道："鲁约克、安娜，你们快看，那是什么？"

安娜带着一丝兴奋，也带着一丝疑惑，接过龙龙手里的望远镜，顺着他手指的方向望去。只见一只大约一米长的动物正在红树林丛中休息，样子和蜥蜴很像。鲁约克也急忙从安娜手中抢过望远镜，说："快让我看看。"

史密斯爷爷边划船桨边问："孩子们，你们看到什么了？"

"一只很大的蜥蜴。"龙龙兴奋地说。

"哦？很大的蜥蜴？如果我没猜错的话，它应该就是我们要找的圆鼻巨蜥吧。"史密斯爷爷不慌不忙地说。

"圆鼻巨蜥？我没有听说过这个名字啊。"安娜一脸疑惑的表情。

"史密斯爷爷，您快给我们讲讲圆鼻巨蜥吧。"龙龙和鲁约克也抑制不住心中的好奇了。

　　史密斯爷爷拿望远镜看了看，确认了那只动物是圆鼻巨蜥后，便把小船停靠在了岸边。他领着孩子们藏到一棵大树后，一边悄悄地观察圆鼻巨蜥，一边说："你们仔细看，圆鼻巨蜥的头很长，全身长满了细细的鳞片，鼻孔离嘴很近。它的舌头上有分叉，尾背的鳞片高高地突起，形成了两列脊，这些都是圆鼻巨蜥的特征。"三个孩子一边听着史密斯爷爷的解说，一边着迷地用望远镜观察着那只圆鼻巨蜥。

　　这时，安娜扭过头来，问道："爷爷，圆鼻巨蜥的体型都是这么大吗？"

　　史密斯爷爷笑了笑，说："我们现在看到的这只还不算很大呢。大多数成熟的圆鼻巨蜥的体长在1.3米左右。人们还曾在马来西亚发现过一只迄今为止世界上最大的圆鼻巨蜥，它足足有2.7米长呢。"

　　三个孩子听到这个数字，都十分吃惊，正要听史密斯爷爷继续讲解，却见他停了下来，脸上的表情十分凝重。心急的龙龙赶忙问："史密斯爷爷，您怎么不往下说了啊？"

　　"唉，"史密斯爷爷叹了口气，说："现在，圆鼻巨蜥正面临着灭绝的危险呢！"

"是人类捕杀的缘故吗？"鲁约克急忙问道。

"是的。圆鼻巨蜥不仅肉质鲜美，皮也是制作皮具的上好材料。实际上，圆鼻巨蜥全身都是宝，蕴藏着巨大的经济价值。它身体的各个部位都能够入药，就连它的粪便都是宝物，可以用来治疗眼疾和皮肤病。所以近些年来，人类对圆鼻巨蜥的捕杀越来越频繁，全球每年都有几百万张圆鼻巨蜥皮被拿到市场上进行违法交易。照此下去，圆鼻巨蜥这个种群一定会慢慢趋于灭亡的。"

"动物是人类的好朋友，为什么那些人要这么残忍呢？"史密斯爷爷话音刚落，善良的安娜就一脸气愤地说。

鲁约克也悲愤地说："一个物种灭绝，整个生态系统都会失去平衡，最后吃亏的还是我们人类自己啊！"

"为了发展经济，人们的生态保护意识越来越弱。这些人的脑子里就只想着钱，为了利益，什么事都做得出来，根本不顾后果。"龙龙以大人的口吻说道。

　　史密斯爷爷满脸笑容："没想到你们三个小鬼的见解还蛮深的嘛，看来生物保护的未来还是大有希望的啊！"

　　"我们一定会用自己的力量来保护那些动物的！"三个孩子的眼神里都透出了坚定的信念。

　　就在他们谈论的时候，在树上休息的圆鼻巨蜥突然动了。它慢慢地爬下树，向河里走去。三个孩子都屏住了呼吸，生怕把这只好不容易遇到的圆鼻巨蜥给吓跑了。

　　"啊！"看到圆鼻巨蜥悄悄地袭击了一只正在水里游泳的幼鳄，安娜不由吃惊地叫了起来。鲁约克赶紧捂住她的嘴，生怕惊动了巨蜥。

圆鼻巨蜥

"史密斯爷爷，您不是说巨蜥是爬行动物吗？为什么它会在河里游泳，还吃掉了那只幼鳄呢？"龙龙很疑惑地问。

"龙龙这个问题问得不错！"史密斯爷爷赞许地点点头，然后解释道，"游泳是圆鼻巨蜥与生俱来的本能。圆鼻巨蜥的另一个名字就叫水巨蜥，俗名五爪金龙。它们通常生活在红树林以及面积较大的河岸上。但是，无论具体生活在哪里，圆鼻巨蜥都需要有永久或暂时的水域，这片水域中还要有充足的食物，否则它们很难生存下去。

"你们可不要小瞧圆鼻巨蜥，任何它可以吞下的东西都会成为它们的食物。成年的圆鼻巨蜥甚至可以吞下一头鹿呢。"

"任何它可以吞下的东西都会成为它们的食物？"鲁约克惊恐地看看和自己身高差不多的龙龙，声音颤抖地说："那它会吃我吗？"

　　史密斯爷爷假装很认真地说道："这可说不定哦，成年的圆鼻巨蜥很喜欢吃腐烂的东西，巴厘岛的一个传统就是将人的尸体喂给它们吃。"

　　"好恐怖啊！爷爷，我们快离开这里吧！"安娜惊慌地叫起来。

龙龙和鲁约克也拉着史密斯爷爷的手，哆嗦道："快走，快走，待会儿它看到我们，我们就惨了。"

　　"哈哈，"史密斯爷爷大笑道，"你们就放心吧！一般情况下，只要人类不去袭击圆鼻巨蜥，它是不会主动攻击人类的。而且我说了，它们喜欢吃腐烂的肉，可不喜欢活生生的人哦。"

　　三个孩子这才松了一口气。他们互相看了看，都为刚刚的惊慌失措笑了起来。

第五章

沼泽鳄鱼妈妈产卵

"孩子们，你们猜一猜这条河流周围的林子叫什么？"史密斯爷爷一边划着小船，一边问道。

"红树林！"安娜不假思索地说，"自然课的老师给我们看过图片。"

"没错，这就是红树林。红树林分两种，一种是以红树植物为主体的常绿灌木，另一种是由乔木组成的潮滩湿地上的木本生物群落。它主要分布在陆地和海洋交界处的滩涂和浅滩。红树林是从陆地向海洋过渡的一种生态系统，因为受到潮水周期性浸淹，所以生态特征非常特殊。"史密斯爷爷说。

"那红树林对生物有什么影响吗？"龙龙好奇地问。

"当然会有影响了，"史密斯爷爷笑了笑，"红树林这种植物适应力特别强，

既能够忍受海水涨潮时高浓度的盐水，也能忍受落潮时阳光暴晒的炙热。它叶片下面的腺体能够把多余的盐分排出体外。它的气生根也非常特殊，即使被潮水淹没，也依旧能进行呼吸和通风。如此独特的生长系统也为生物提供了适应周围恶劣生存条件的栖息地。"

看着三个孩子目瞪口呆的样子，史密斯爷爷又意味深长地说："红树林独特的生长系统，决定了它周围的食物链复杂多样。在这里就生存着一种有着生理特长和特殊技能的爬行动物——沼泽鳄鱼。"

"沼泽鳄鱼？史密斯爷爷，鳄鱼不是应该属于鱼类吗？怎么属于爬行动物了？"鲁约克疑惑地问。

"哈哈，不要以为鳄鱼能像鱼一样在水中嬉戏，就以为它是鱼类

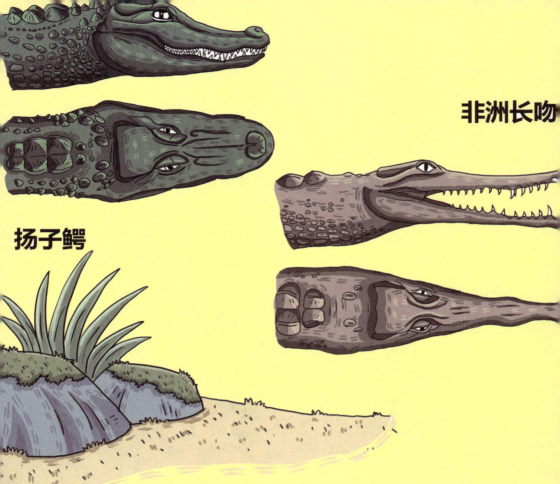

非洲长吻

扬子鳄

　　哦！"史密斯爷爷笑得眼睛都眯起来了，"鳄鱼可不是鱼，而是属于脊椎类的爬行动物，由两栖类动物进化而来。鳄鱼是迄今为止依旧活着的最早的，也是最原始的爬行动物，通常分布在热带到亚热带的河川、湖泊及海岸中。鳄鱼既能在水中游泳，也能在陆地上爬行，身体强壮，力气又大，因此还被人们称为'爬虫类之王'呢！"

　　"哇！鳄鱼的生命力还真是顽强啊！"鲁约克感叹道。

　　"是的，鳄鱼还分为很多种类，比如长吻鳄、扬子鳄、沼泽鳄鱼等等。在斯里兰卡的湖岸、河岸和沼泽地带，沼泽鳄鱼是十分常见的。说不定，待会儿你们就会看到呢。"见三个孩子对鳄鱼充满了好奇，史密斯爷爷就预先给他们留下了一个悬念。

沼泽鳄

　　"吼……"正在大家聚精会神地听史密斯爷爷讲鳄鱼的时候，不知道从哪里突然传来了动物厮打的声音。

　　"这……这是什么声音？"龙龙警惕地向四周张望。

　　"快看，是那边的两条鳄鱼！"鲁约克指向靠近河岸的一个空地。只见两只鳄鱼剧烈地扭动着身躯，相互撞击头部，还张大了嘴互相撕咬。

　　"它们为什么要互相残杀呢？"安娜困惑地问史密斯爷爷。

　　史密斯爷爷和蔼地摸摸安娜的头，微笑着说道："你们误会了，很少有鳄鱼会因为打斗而造成终生残疾或死亡。它们不是在互相残杀，而是在争夺领地，这里一定是非常适合鳄鱼产卵的最佳筑巢地点。现在是夏天，正是鳄鱼的产卵期。所以出现这样的情况，也并不奇怪哦。"

"真巧啊，居然赶上了鳄鱼的产卵期。我真想看看鳄鱼是怎样产卵的，史密斯爷爷，我们就停在这里观察观察吧。"龙龙向史密斯爷爷恳求着。

"没问题！"史密斯爷爷爽快地答应了。三个孩子高兴得手舞足蹈起来。

经过一番争斗，其中的一条鳄鱼取得了胜利。为了

防止有突降的洪水把卵淹没，它再三观察，最终选择了一个既靠近河边，又在高水位线之外的地方。安娜、龙龙和鲁约克认真地观察着，大气也不敢出。只见这只鳄鱼妈妈产完卵之后，就用周围的沙轻轻盖在巢上面，并小心地把所有的气孔都填满了。

"史密斯爷爷，它为什么把巢给盖上了呢？"一向好奇的龙龙又提问了。

"鳄鱼用沙将巢盖住是为了防止气孔中的空气与水分结合。这是因为，气孔中的空气与水分一旦结合，巢中的卵就很容易腐烂。另外，在潮湿的季节里，鳄鱼妈妈还会将自己的身体盖在巢上，防止

卵巢过分潮湿或温度过高。"史密斯爷爷一边观察着雌鳄的动作，一边说。

"那鳄鱼妈妈岂不是很辛苦？"沉默的鲁约克发话了。

"对啊，为了让自己的孩子能够安全地来到这个世界，鳄鱼妈妈在产完卵后，会对巢进行90天左右不间断的守护，直到卵被孵化为止。只有当天气热得实在难以忍受时，它才会偶尔爬进河中喝口水，凉快一下。因为无人看守的情况对于卵来讲，是相当危险的。那些以卵为食的蜥蜴往往会趁着这个机会来把卵偷吃掉。"史密斯爷爷抬头看了看大中午直射的太阳，擦了擦额头上的汗。

"可是，太阳这么大，鳄鱼妈妈长时间地这么守着，能受得了吗？还有，它都不吃东西吗？"鲁约克很认真地问着。

　　"没问题的！"史密斯爷爷肯定地说，"鳄鱼两年不进食也不会饿死的。因为它们的尾巴和背部都储存着脂肪，它们不吃东西的时候，就可以依靠这些脂肪生活。而且，鳄鱼身上那些厚厚的鳞甲也不是白长的啊，它能够保护鳄鱼不至脱水。另外，无论白天的太阳光多强，鳄鱼都要游出水面到岸上晒太阳，这也是为了吸收热量，为捕食积攒能量。"

　　"哎呦喂！看我这个脑子，爬行动物都长有密密麻麻的鳞片，或者是又厚又硬的外壳，这是它们用来保护自己的武器。我怎么连这

都不记得了？"龙龙、安娜和史密斯爷爷都被鲁约克的话给逗笑了。

这时候，一只巨蜥来了。它那巨大锋利的脚爪一步一步地向雌鳄产卵的巢逼近。随后它躲在一块大石头的后面，静静地等待着吞食鳄鱼卵的时机。就在这个时候，沼泽鳄鱼妈妈刚好放松了警惕，拖着有些疲惫的身体爬向了河边。也许刚刚经历一番激烈争夺的原因，再加上正午的阳光直射，此时的它迫切需要到河里补充些水分。

确认鳄鱼妈妈走远后，巨蜥立刻爬到卵巢边，把小鳄鱼卵挖了出来，津津有味地吃了起来。鲁约克冲动地要去赶跑巨蜥，挽救还未孵化的小鳄鱼。史密斯爷爷赶忙拦住了他，无奈地说："这是大自然固有的

生态模式，虽然残酷，但我们还是不要去干预为好。"三个孩子只能无助而沮丧地看着那些被巨蜥吃剩下的卵的碎壳。

为了让他们不再为此事难过，史密斯爷爷划起了船，带着他们继续前进了。

小船向前行驶着，这时龙龙回过头来，认真地问道："史密斯爷爷，我还有一个问题不明白。像我们人类，不管是小时候还是长大后，都有爸爸妈妈陪伴在身边，那小鳄鱼长大后，它的爸爸妈妈也会陪伴它吗？"

史密斯爷爷摇了摇头："鳄鱼和我们人类可不一样。它们的性情大都凶猛暴戾。小鳄鱼被孵化出来以后，鳄鱼妈妈会把它放进自己下颚的袋囊中。这个袋囊是鳄鱼妈妈专门用来把小鳄鱼转移到河中的。

小鳄鱼到了河里后，鳄鱼妈妈只会守护它一个月，让它独自练习捕食。等小鳄鱼练好捕食能力，能够自立以后，鳄鱼妈妈就会离开，让它自己去面临真正的生存竞争。最为残忍的是，有些大鳄鱼在完成这一个月的父母义务期之后，居然会毫不犹豫地吞吃小鳄鱼。所以，鳄鱼必须在年幼时就非常自立，否则很难生存下去。"

听完史密斯爷爷的话，再想想刚刚亲眼目睹的鳄鱼卵被吞食的画面，三个孩子陷入了沉思中。鳄鱼艰难的成长经历带给他们太大的震撼。他们决心学习小鳄鱼勇于克服困难的精神，让自己的内心变得更强大。

第六章

街道论蛇

"动物世界真是神奇，我们总能从它们身上体会到生命的精彩。"从红树林出来，龙龙不禁感慨道。

"每一种生物的生命都是值得敬畏的。"史密斯爷爷深有感触，"斯里兰卡由于拥有独特的地理优势，所以物种十分丰富。从海岸平原上的红树林，到郁郁葱葱的热带雨林，再到气候干燥的沙漠之地，到处都生存着不同的生物。而且斯里兰卡的居民从不乱捕滥杀生物。两千多年来，他们一直与这些生物共同居住在这个小岛上，相处得十分融洽。"

"嗯嗯！我们这一路上见到的斯里兰卡人民的脸上都带着热情的微笑，让人觉得这里真是一片乐土。"鲁约克极力赞同地说。

行走在街道上，到处都是熙熙攘攘的游客和叫卖声此起彼伏的小摊贩，凸显着斯里兰卡生机勃勃的气氛。安娜走到一个阿姨的摊位前，好奇地拿起一个小小的包装袋，问里面装的是什么。阿姨热心地介绍道："这是我们自己做的草药，包治百病。"

"包治百病？怎么可能！"龙龙立刻否定地说。

"对啊对啊！如果能包治百病，怎么还会有那么多可怜人会病死呢？"安娜撇撇嘴说道，鲁约克也使劲地点了点头。

史密斯爷爷淡定地介绍着："包治百病听起来是夸张了点，但是

这样说也不为过。斯里兰卡的植物和动物资源都极其丰富，不管是被什么给伤到，这里的居民都有自己的药方医治。"

"是啊，例如被一般的蛇咬了，就可以用这个草药医治。"阿姨拿起一包药说。

"我最害怕的就是蛇了。"安娜瑟瑟地说。

"是啊，有句俗语说'见蛇不打三分罪'。蛇虽然长得体态优美，但在人们眼中，它是行动诡异的冷血动物，很少有人喜欢它们。"鲁约克说。

"唉，"龙龙叹了口气，"这样的说法对蛇来说太不公平了。蛇的长相和行动方式的确让人难以接受，但是它从不主动攻击人的，除非是你吓到了它，让它感受到了威胁或是它的利益受到了侵犯。"

史密斯爷爷用赞赏的目光看向龙龙，点了点头，又不慌不忙地说："蛇是一种分布很广的爬行动物。在山上、树林里、田野中，甚至是在水中，它们都有分布。在人们的心中，蛇既恐怖，又带着几分神秘感。所以，蛇的出现总会吸引周围的人注目，有些小孩子更是兴

蛇

奋万分。喜欢蛇的人总要细细地饱览一番，怕蛇的人也会带着恐惧的心情远远地瞧着。"

"可我还是怕它，想想就很恐怖。"对于安娜来说，蛇确实挺吓人的。

"哈哈，爷爷带你们去一个地方，走吧！"史密斯爷爷爽朗地笑着说。

"史密斯爷爷，不会是去看蛇吧？"鲁约克小心地问道，史密斯爷爷神秘地点了点头。

"好啊，我也想近距离地观察一下蛇的习性。"刚刚还有些害怕的安娜此时倒展现出了勇敢的一面。

见三个孩子探险的好奇心又跑出来了，史密斯爷爷意味深长地说："斯里兰卡的蛇可不少，在这里，共生活着90多种蛇呢！其中，光是眼镜蛇就有4种。在大多数人的印象中，蛇都是有毒的。而事实上，蛇分有毒和无毒两种，有毒的蛇往往能令被其攻击的生物受伤、疼痛甚至是死亡。长有条纹的斯里兰卡环蛇就是带有剧毒的一种蛇，被它咬上一口，就有致命的危险。"

"爷爷，那我们要怎么区分一条蛇到底是有毒还是没毒呢？"安娜好奇地问。

斯里兰卡环蛇

"有经验的人从外表特征上，就可以分辨出一条蛇到底是有毒还是没毒。通常情况下，毒蛇的头一般都是三角形的，身体前端较细后端较粗。口中长有毒牙，毒腺就分布在这些毒牙的牙根部位。在咬食物时，毒牙能够分泌出毒液。而无毒蛇的头部一般是圆锥形的，口中没有毒牙，身体呈圆筒状，上下一般粗。"对蛇进行过一定了解的龙龙自豪地说。

　　"我听说过的和在电视上看见的蛇都是吃肉的，有没有吃素的蛇呢？"鲁约克忍不住地问。

毒腺

毒牙

有毒蛇

锯齿状无毒牙

无毒蛇

　　"扑哧，"龙龙笑出了声，"所有的蛇
都是肉食性动物，不管是体型较短的盲蛇，
还是较长的蟒蛇都是吃肉的。有的蛇甚至能吞下比自己的身体更庞大
的猎物呢。"

　　"那它是怎么做到的啊？"好奇的安娜继续问道。

　　史密斯爷爷接过话茬，说："蛇的食欲性比较强，食量也特别
大。一般情况下，它会先把猎物咬死，然后再吞食下去。蛇的头部可
以分为四个部分：两片上颚和两片下颚。它的嘴巴能随着食物的大小
发生变化。如果食物较大，它们的下颌就会缩短变宽，成为紧紧包住
食物的薄膜。"

　　看着三个孩子认真倾听的神情，史密斯爷爷继续说道："蛇的牙齿其实无法咬碎食物，但在捕食猎物时，它的颚部能做出角度很大的开合。而且，蛇的消化系统和肌肉系统的扩张力和收缩力都很强，因此再大的猎物也能整个吞下去。另外，蛇的身体又窄又长，所以它的内脏都是前后排列的，而其他动物的内脏都是左右排列的。"

　　"把整个食物吞下去，它会消化不良吗？"鲁约克摸摸肚子问道。

　　"嘿嘿，放心吧，它不会的。吃完食物后，蛇就会开始爬行，这就是它们消化食物的方式。在地上摩擦肚皮，可以帮助蛇消化食物。蛇的消化速度特别慢，每次吃完东西，都要花上五六天的时间才能消化彻底，而且吃得越多，消化的时间也越长。好在蛇的消化系统十分厉害，有些蛇只消化猎物的肉，等肉消化完了就会把骨头吐出来。有些毒蛇的毒液也有帮助消化的作用，甚至能将动物的身体融化呢！"史密斯爷爷回答道。

几个人一边走，一边热烈地谈论着。突然，鲁约克又想到一个问题："史密斯爷爷，斯里兰卡这么热，这里的蛇还会冬眠吗？"

"应当不会冬眠吧，冬眠，顾名思义，就是冬天才睡觉嘛。而斯里兰卡属于热带地区，所以没有冬天呢。"安娜回答说。

"安娜说得对，"史密斯爷爷笑着说，"的确，一般的蛇从11月下旬开始就不再吃东西，也不喝水、不蜕皮了，而是躲在干燥的洞穴或树洞里冬眠，仅依靠体内贮藏的脂肪和营养物质去维持最低限度的

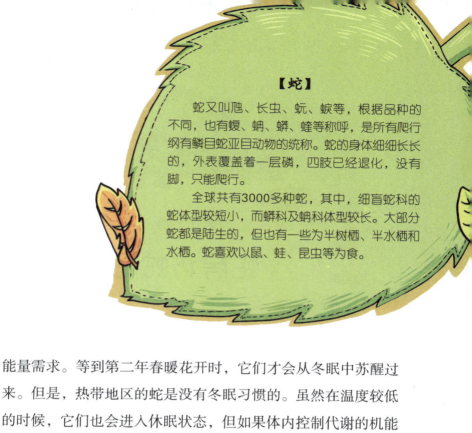

【蛇】

蛇又叫虵、长虫、蚖、蟋等，根据品种的不同，也有蝮、蚺、蟒、蜓等称呼，是所有爬行纲有鳞目蛇亚目动物的统称。蛇的身体细细长长的，外表覆盖着一层磷，四肢已经退化，没有脚，只能爬行。

全球共有3000多种蛇，其中，细盲蛇科的蛇体型较短小，而蟒科及蚺科体型较长。大部分蛇都是陆生的，但也有一些为半树栖、半水栖和水栖。蛇喜欢以鼠、蛙、昆虫等为食。

能量需求。等到第二年春暖花开时，它们才会从冬眠中苏醒过来。但是，热带地区的蛇是没有冬眠习惯的。虽然在温度较低的时候，它们也会进入休眠状态，但如果体内控制代谢的机能比较脆弱，它们就有衰弱死亡的危险。所以，不是所有的蛇都适合冬眠，冬眠也不是爬行动物的基本特征。"

第七章

蛇房访蛇记

不一会儿，史密斯爷爷带着三个孩子来到了一间传统的医疗室。刚走进医疗室的小院，鲁约克就被院子里一条盘踞的眼镜蛇吓了一跳，赶紧躲到了史密斯爷爷身后。

史密斯爷爷和蔼地摸了摸鲁约克的头，安慰地说："不要怕，这里的蛇都是由人工饲养的。"

"可我还是怕……"虽然已经对蛇了解很多了，但真正见到蛇，鲁约克还是吓得不轻。他双手紧紧地抓住史密斯爷爷的袖子，眼睛紧盯着那条眼镜蛇，生怕被它咬一口。

听到院子里的声音，一个皮肤黑黝黝的中年男人从医疗室走了出来，看上去很和善的样子。这个男人看到鲁约克颤抖的样子，微笑着用一条小棍把眼镜蛇引到了蛇房里。见状，鲁约克双手才慢慢地松开了史密斯爷爷的袖子，但一双圆圆的眼睛还是警惕地盯着四周，生怕再有蛇

从哪个小角落里冒出来。

"哈哈哈，鲁约克，想不到你也有怕成这样的时候！"安娜的笑声传了过来。到了这个时候，鲁约克哪还顾得上安娜的嘲笑啊。他小心翼翼地，看上去十分可爱。

男子开口说道："小朋友不用怕，这叫眼镜蛇，你来看。"说着就拉着鲁约克走向了那条蛇，"你看，它的毒牙很短，长在嘴巴的前部，上面那个沟就是分泌毒液的地方。眼镜蛇的毒液有很强的毒性，其他动物要是被它咬上一口，神经系统就会被破坏。不过你别怕，我养了它很久了，它现在已经被我驯服了，和小狗一样通人性。所以放心吧，它不会咬你的。"虽然壮了很大的胆，鲁约克依旧吓出了一身冷汗。剧毒！可不是开玩笑的啊！

史密斯爷爷热情地跟男子打招呼，告诉他自己和三个孩子是来他这里参观的。男子热情地欢迎了他们一行四人，并介绍说他的名字叫萨米。

走进室内，墙上挂满了各种荣誉证书。萨米告诉史密斯爷爷和三

个孩子，他们家是医疗世家，世世代代靠驯蛇和治疗蛇毒为生。他的祖父、父亲和他都是当地驯蛇的高手，也是该地区主要的解毒师。墙上挂的正是萨米和祖辈们获得的各种荣誉证书。

"原来如此。"三个孩子总算明白了刚刚那条眼镜蛇为什么那么听话地回了蛇房，不由得打心底佩服萨米的勇敢。尤其是鲁约克，联想到自己以后要当个行侠仗义的大侠，更是佩服萨米的勇气和胆识。

"我也要变得勇敢，不能再胆小了，刚刚就被安娜嘲笑了。"他心里想着。

随后，萨米将他们领到了蛇房。一下子见到这么多蛇，孩子们还真是有些不适应。尤其是安娜，刚刚还在嘲笑鲁约克的她，此时的脸色特别难看。鲁约克轻轻地抓起她的手说道："别怕，不是还有我们嘛。"安娜不禁被鲁约克的话所打动，十分后悔自己刚才嘲笑他的行为。好在蛇房里用玻璃和细铁丝网隔出了走廊，所以虽然十分害怕，他们还是可以放心地随意走动。

安娜见到了一条身上长着黑色带白色条纹的蛇，虽然害怕，却依

旧按捺不住内心的惊喜，问道："这是斯里兰卡环蛇吗？"

"小姑娘真聪明！这条正是斯里兰卡环蛇，它是我们岛上最致命的毒蛇。"萨米夸赞道。听到"致命"两个字，安娜不禁打了一个冷战，向后退了两步，生怕被它咬到似的。

"看这一条，"萨米透过玻璃指着一条通身长满了黑色与黄色环纹的蛇说，"这是与眼镜蛇、灰鼠蛇合称'三蛇'的金环蛇，它是一种长着前沟牙的蛇，有剧毒，也是一种著名的食用蛇。"

"食用蛇？它不是有毒吗？有毒的蛇也可以吃吗？"龙龙惊讶地问。

"蛇一般都是能够入药的。金环蛇不像其他蛇，虽然毒性十分强，但性情温和。除了蜥蜴、鱼类、蛙类、鼠类等，金环蛇还会吃其他种类的蛇，连蛇蛋都吃。不过，金环蛇的身体可以用来浸酒治病，它的胆也可以用来入药。"史密斯爷爷解释道。

　　"真的吗？"龙龙惊奇地转向了萨米，却发现萨米满脸沮丧。

　　"可是长期以来，人类大量捕杀金环蛇，把它们内销或出口，这使得数量本来就不多的金环蛇已经步入濒危物种的行列了。"萨米沮丧地说。

　　"人类真是太残忍了！"鲁约克消除了刚刚的恐惧，对蛇生出了怜悯之心。

　　"听起来，毒蛇很是厉害呢。我觉得它好像什么都不怕，那它有没有天敌呢，史密斯爷爷？"龙龙搔了搔脑袋，又不解地问。

"当然有啦。尽管蛇身体细长、皮肤光滑，很不好抓捕，但是生态系统中，任何物种都是一环一环相连接着的，蛇自然也不例外。"史密斯爷爷回答说。

话音未落，萨米说："对，蛇雕就是蛇类的天敌，它是一种中等体型的猛禽。蛇雕的背上长着宽大的翅膀，翅膀上覆盖着厚厚的羽毛。它的两只爪子十分锋利，上面还长有坚硬的鳞片。这些小小的成片的鳞就像小盾牌一样，密密麻麻地连接在一起，完全能够抵挡蛇的毒牙进攻。此外，蛇雕的脚趾又粗又短，可以有力地抓住皮肤光滑的蛇，令其难以脱身。所以，蛇一旦被蛇雕抓住，就很难有机会再逃走。"

"那按照食物链来说，如果蛇类灭绝的话，它的天敌蛇雕岂不是也处于危险境地了？"安娜紧张地问道。虽然心里仍然怕蛇，可天生善良的安娜听了史密斯爷爷和萨米的叙述，仍不由得对蛇和蛇雕生出同情心来。

"没错，每一条生物链都会对整个生态系统的平衡产生影响。青草、蝗虫、蛙或鼠、蛇、蛇雕是一条完整的食物链。人类如果一直毫无节制地捕蛇，蛇的数量就会越来越少，而蛇的食物田鼠就会越来越多。田鼠多了，就会给庄稼造成损害，带来无法估计的损失。"萨米看着蛇，又沮丧又无奈地说道。

　　从蛇房出来，三个孩子改变了之前对蛇的看法。原来，蛇也是有许多优点的，而人类乱捕滥杀的行为是多么令人发指。孩子们都从刚开始的害怕，变成了现在对蛇的

同情，又从刚开始来参观的兴奋，转为了现在的一脸凝重。虽然他们的年龄还小，可是史密斯爷爷仍然能够感觉到：他们长大了，责任感增强了。他欣慰地想着，这次的旅行没有白来。

【食物链】

　　贮存于有机物中的化学能，在生态系统中一层一层地传导，就构成了食物链。简单地说，不同的生物通过一系列吃和被吃的关系，将彼此紧密地联系在了一起。而这种不同生物之间以食物营养关系为联系纽带所组成的序列，在生态学上，就叫作食物链。按照生物与生物之间的关系，食物链可以分为捕食食物链、腐食食物链（碎食食物链）和寄生食物链三种。

第八章

大象孤儿院

从蛇房出来，已是傍晚时分了。"咕……咕……"大家不约而同地看着鲁约克。鲁约克不好意思地低下头，捂着肚子说："我又饿了……"龙龙和安娜很无奈地撇了撇嘴，哈哈大笑起来。

"鲁约克，我真佩服你，刚刚还吓得一身冷汗，现在肚子又开始叫了，哈哈！"龙龙笑得趴在地上，鲁约克看他这样，就笑着和他玩闹了起来。

萨米在一旁热情地说："作为主人，就让我亲自下厨，为你们做一顿正宗的斯里兰卡煮稻吧，再让你们尝尝我们这儿的椰汁酒。"

　　"好耶！"三个孩子兴高采烈。史密斯爷爷很有礼貌地把双手合在脸前向萨米道谢，然后拍了拍三个孩子的脑袋，"就知道吃。好了，既然大家都饿了，就去尝尝萨米叔叔的厨艺吧。不过，你们几个还是孩子，就不要品尝椰汁酒了。"

　　"那是肯定的，我们还未成年，不能喝酒。"龙龙回答说。

　　"爷爷，您也不能多喝，可不要贪杯哟。"安娜关心地叮嘱。

　　"椰汁也能做酒啊？那用椰汁做的酒是不是甜的啊，史密斯爷爷？"鲁约克好奇地问。

　　史密斯爷爷哈哈大笑起来："其实任何含糖分的植物汁液，都可以发酵成酒类饮料。椰子树主要生长在西太平洋与印

琥珀色

度洋之间的热带地区，斯里兰卡正是椰子的产
地之一，用椰汁酿酒也就不足为奇了。这种酒是
用开花时的椰子的椰汁酿制而成的，是一种蒸馏酒，酒色呈清澈的琥
珀色，酒性强烈，是斯里兰卡人非常喜爱的一种饮品。"

　　"您说得太对了！如果您喝不习惯椰汁酒的味道，可以兑着雪碧一
起喝，味道会好很多。"萨米一边在前面给大家带路，一边介绍着。

　　没过多久，香喷喷的煮稻就上桌了。三个孩子模仿着史密斯爷爷
上次用手抓食的样子，毫不拘束地敞开肚皮吃了起来。萨米看着他们
可爱、滑稽的吃相，不由得笑了起来。

　　"萨米叔叔，斯里兰卡有哪些特别好玩的地方呢？"满嘴米饭的
龙龙边吃边问。

"最具有特别意义的地方，那应当数大象孤儿院了。"萨米叔叔回答说。

　　"大象孤儿院？为什么叫作大象孤儿院呢？难道那里的大象都没有了爸爸妈妈吗？那不是和我们人类的孤儿一样可怜吗？"安娜问道，鲁约克和龙龙也好奇而又疑惑地看向萨米。

　　"过去，斯里兰卡曾经是大象的乐园，但是在欧洲殖民时期，大量的大象被捕杀了，原有的两万头大象只剩下了不到3000头。为了保护大象，政府明文立法，禁止人们再捕杀大象，并在1975年建立了大象孤儿院，专门照顾那些迷路、受伤的大象。这也是世界上第一所大象孤儿院。"史密斯爷爷解释道。

"在我们国家，大象是非常友善的动物。你们去河边就可以看到洗澡的大象，还可以伸手去摸它。它呢，会扇动着大大的耳朵表示友好。你们也可以跟它玩耍或是亲密地合影呢！"萨米叔叔微笑着说。

　　"真的吗？那真是太超出我的想象了。有机会，我们也去和大象合影吧！"安娜欢喜地说。

　　"好啊，好啊！"龙龙和鲁约克也附和道。

　　"爷爷，您说呢？"三双期待的眼睛看向了史密斯爷爷。虽说这三个孩子平日里总是调皮捣蛋，但他们还是懂得遇事先问问史密斯爷爷的意见。不过，就算史密斯爷爷不答应，他们三个也会想方设法地让他点头同意的。

看着他们三个满心期待的样子，史密斯爷爷也不好扫他们的兴，便笑着点了点头。

"对了，大象孤儿院里的大象们平时都做些什么啊？"龙龙想了解得更透彻些，便向萨米叔叔问道。在他看来，萨米叔叔是和史密斯爷爷一样厉害的人物呢！

萨米叔叔自豪地说："住在大象孤儿院里的大象们，生活得可安逸啦！在那里，它们不用工作，每天的上午和下午，还会固定到河边去戏水和洗

澡。工作人员往往带着数十头大象成群结队地走在大街上。因为我们这儿的人对大象都很尊敬，所以它们所到之处，人与车都会礼让。这些大象走在路上总会吸引大量游客或居民的目光。那场面可是相当壮观呐！"

"我曾经在《时代》杂志的封面上看到一只右脚受伤的大象，它也是大象孤儿院的成员吗？"史密斯爷爷问。

"是的，那头大象的名字叫作Sama。在我国的内战期间，这头大象不小心踩到了地雷，失去了右脚。内战的双方正是因为它才停止了内战。所以我们国家的人民都很感激它。现在，人们把它圈养在了大

象孤儿院里。"萨米叔叔说。

　　大家都认真地听着萨米叔叔的讲解。这时，鲁约克好奇地问："刚才在路上，我看见了一头大象，它的鼻子呼哧呼哧的，看上去气喘吁吁。史密斯爷爷，它是不是鼻子不通，想喝水啊？"

　　"对对对，我看大象在洗澡的时候，发出来的声音也很不一般呢。"安娜也补充道。

　　听完孩子们的问题，萨米叔叔和史密斯爷爷都笑了。"你们都观察得很仔细啊。没错，大象正是通过鼻子来沟通交流的。"史密斯爷爷用赞赏的眼光看着鲁约克，说，"大象的鼻腔很大，可以发出频率很低的声波。一般说来，人只能听见一个相对小范围内的频率的声音，而大象的音波频率正好不在人耳能听得到的范围内。也就是说，大象也是能发出声音的，只不过人们听不见而已。"

　　"原来是这样啊。"龙龙若有所思地点点头。

突然，萨米叔叔眼睛一亮，想到了一个问题。他觉得三个孩子也一定会对这个问题感兴趣，便转向他们，问道："你们知道象粪纸吗？"

　　"象粪纸？难道是用大象的粪便做成的纸？"三个孩子惊讶地说，并纳闷地看向史密斯爷爷。

　　史密斯爷爷说："爷爷来给你们提示一下。大象一顿能吃很多食物，所以它们排泄出来的粪便也很多。聪明的斯里兰卡人就想到了一个好办法，来把大象排泄出来的粪便变废为宝。他们用大象的排泄物制成了纸，其中的原理还很简单哦，大家动动脑筋想想看。"

　　"哦！我想到了！"安娜激动地站了起来，"大象吃的食物都是素的，例如树皮、酥果、香蕉之类的，所以它们排出的粪便一定

含有非常丰富的纤维。这样的粪便经过加工处理之后，就可以制成纸了。"

"小姑娘说得真好！"萨米叔叔竖起大拇指夸赞安娜，"的确是这样的。大象的粪便经过饲养员的烹煮，再被打成纸浆，最后就可以制成独一无二的'象粪纸'。"

"这样的话，人们造纸就不用砍伐树木了，既做到了环保……"龙龙十分激动。

"又做到了废物利用！"龙龙还没说完，鲁约克就抢着说。

象粪纸

"哈哈，是的！"萨米叔叔赞赏地看着三个孩子，说，"你们可不要小看象粪纸哟！象粪纸还曾经被制成精美的礼物，作为斯里兰卡的国礼，赠送给了许多外国政要呢。现在，斯里兰卡生产的象粪纸远销美国、欧洲等地。象粪纸早已成为斯里兰卡人引以为豪的国宝了。"三个孩子认真地听着，越发觉得大象真是太了不起了。

【斯里兰卡与大象的渊源】

作为印度洋上一个小小的岛国，斯里兰卡拥有着十分悠久的历史文化。其中，大象图腾是很重要的一项内容。直到今天，这种图腾依旧经常被人们使用。不论是在古老的石雕上，还是在现代工艺品上，可爱的大象图形总是随处可见。另外，在各种大型的节日庆祝仪式上，大象也是分量很重的"演员"。参加表演的大象会排着整齐的队伍，浩浩荡荡地沿着街道前行。每一头大象都被特别装扮过，看上去格外威武。领头的大象脖子上还挂着铃铛，走路时会发出十分悦耳的声音，吸引人们的注意。

第九章

踩着高跷去钓鱼

前往斯里兰卡南部加勒港的列车缓缓地向前开着，窗外的美景犹如流动的画卷在不停地播放。三个孩子刚上车时的困意也终究败在了这美景之下。龙龙和鲁约克不安分地趴在窗户边，深深地陶醉于窗外一闪而过的茶园、热带果园以及那些连绵不断的山峰所组成的秀丽

风景中。安娜则用手托着下巴，静静地欣赏着。史密斯爷爷偶尔转过头，看看这三个孩子，听听他们的交谈，真是既安静又惬意。

　　"没想到这个面积不大的岛屿竟有这么多物种资源，生态环境的保护也做得很好。如果下辈子我是一头大象，一定要到斯里兰卡来。在这里，既能受到人们的保护，又有很多伙伴和我一起玩耍，多好啊！"龙龙眨着眼睛幻想道。

　　　　"看看你，还想着变成什么大象，估计没等你长成大象，你就倒在猎人的枪口下了。"鲁约克撇撇嘴，笑道。

"怎么了，那也比你好，还想着当什么大侠，哈哈哈，安娜，你还记得他当时被毒蛇吓到的样子吗？哈哈哈，真好笑，还笑话我。"龙龙不服气地反驳道。

"呵呵，呵呵。"静静赏景的安娜听到这两人的对话，也不禁笑出了声。鲁约克当时的囧样，确实十分好笑。

"这两个小家伙，又开始拌嘴了，真是见不得离不得啊。"史密斯爷爷在心里感叹道。

三个孩子正笑着闹着，窗外又闪过了另一番美景。他们的目光立即被吸引了过去。

安娜语调平和地说："看到这里碧蓝无边的大海和天空，我真想在这里拥有一所房子，能够面朝大海，春暖花开。"

"安娜，你把海子的诗用在这里，真的很恰当啊。"龙龙笑着说道。

"其实我觉得，把家安在这里挺不错的。这里的人民又善良又淳朴，整个村子的人相处得那样和睦，就像一家人一样。在这里和他们一起安居乐业，真是悠哉乐哉呀！嘿嘿……"鲁约克笑得眼睛都眯起来了。

"爷爷我就想当一个斯里兰卡的渔夫。"说着，史密斯爷爷从口袋里拿出了一个精致的小饰品，上面是一个渔夫坐在一根横着的木杆上，一手扶着竖着的木杆，一手拿着鱼竿。

"唔？这是什么？上面的小人是在钓鱼吗？"三个孩子都凑了

过来，好奇地问。

史密斯爷爷怜爱地摸着上面的小人，说："嘿嘿，不懂了吧，这是斯里兰卡最经典的人文风情之一——高跷渔夫。"

"高跷渔夫？什么东西啊？听着好像很有趣的样子。"龙龙不解地问道。

史密斯爷爷缓缓地说："斯里兰卡的南部靠近风疾浪涌的印度洋。以前，渔民们买不起船出海打鱼，聪明的斯里兰卡人便发明了这种独特的钓鱼方式，并祖祖辈辈地流传了下来。在钓鱼时，渔夫会将木杆插进海底，然后坐上去，看上去就像在踩高跷一样，所以被人们称为'高跷渔夫'。"

"住在海边的渔民每天都可以这样钓鱼吃吗？"嘴馋的鲁约克

问道。

"不，不，不！"史密斯爷爷连连摇头，"随着斯里兰卡旅游业的不断发展，现在'高跷渔夫'已经发展成了一种观赏性活动了，游客们甚至可以自己亲身体验一下。怎么样，孩子们，有没有兴趣跟爷爷去体验一下呢？"

一听到玩，三个小家伙别提多高兴了，当下就催促着史密斯爷爷赶紧带他们去。

突然，嗅觉灵敏的鲁约克闻到了一股鱼腥味。他探头向窗外看了看，兴奋地说："到海边喽！到海边喽！"听他这么说，安娜和龙龙也赶紧趴到窗口向外看。只见海边有很多插进海底的木杆，人们正坐在杆上钓鱼呢。那架势和史密斯爷爷饰品上的小人一模一样。

"爷爷您看，那人的姿势和您那饰品上的小人一模一样啊！居然真的存在这样一种钓鱼方式，真是太奇特了，人类的智慧真是太伟大了！"安娜感叹道。

　　史密斯爷爷微笑地点了点头。他想不到，安娜才九岁，竟然能说出这么富有人生哲理的话。

　　三个孩子兴奋极了，巴不得一下子跳出窗户冲过去。

　　一下车，他们就跑到海边，目不转睛地看着那些在木杆上钓鱼的叔叔，眼睛里写满了佩服。

　　"我也好想试一下啊！"鲁约克羡慕地说。

　　在渔夫叔叔的帮助下，鲁约克爬上了木杆。他看到海里有许多鱼，就准备提起鱼竿。这时，一个巨浪打过来，木杆倾斜了，史密斯爷爷、龙龙和安娜的心都吓得猛地一跳。幸好渔夫叔叔反应快，急忙拉住了鲁约克。不然，他脚下的巨浪真会把他给卷走的。

谢过渔夫叔叔后，鲁约克安全地回到了岸边，心有余悸地跟大家诉说着刚刚那惊心动魄的一幕。他激动地说道："'高跷渔夫'还真是不简单呐！"

史密斯爷爷说："踩高跷本来就是个需要技巧的活儿，'高跷渔夫'自然也是不容易的。"

"可是看上去很简单啊！那些人坐在那里一动也不动的。"龙龙不明白史密斯爷爷为什么这么说。

史密斯爷爷叹了口气说："那只是你作为看客的感觉。实际上，这种钓鱼方式一点都不简单。坐在这么高的地方钓鱼，不仅需要良好的平衡能力，还要忍受风吹日晒的痛苦。而且水里随时都有可能有凶猛的野兽向你发出攻击。你看那些人做得很好，那是他们长期锻炼的结果。一般人刚上去的时候根本连站都站不稳，除非是平衡感超强的人。"

安娜觉得爷爷说的话很有道理。她已经放弃去尝试了，不过还是很喜欢观赏这样的画面。她感叹道："正是因为有这样高的难度，才让'高跷渔夫'成为了这里的一道独特的风景线，吸引了世界各地的人前来参观。"

史密斯爷爷笑眯眯地说："的确如此。"

在离开之前，安娜决定多拍一些"高跷渔夫"的照片留念。可是

一向很会拍照的她连续拍了好几张都不太满意。

　　看着安娜嘟着嘴站在那里，龙龙幸灾乐祸地说："看来还得我出马啊。"说着就拿过相机去拍，可是拍出来的照片一样不是很好，这次反过来是安娜嘲笑他了。

　　史密斯爷爷在旁边指点他们："想在这边拍好照片可不那么容易哦。首先要注意光线，寻找最好的光线角度。现在这个时候，如果想拍摄那些渔夫，最好是采取近距离仰拍的方式。这样才能既拍摄出完整的图像，还能突出他们的'高跷'。"

　　安娜觉得爷爷说得很有道理，试着用他说的方法拍摄了一张照片，果然很满意。

第十章

拯救海龟

　　炎热的一天结束了，史密斯爷爷带着三个孩子来到了海边。吹着海风，看着天边的落日映着多彩的云朵以及沙滩旁的椰林树影，真是

感觉身在仙境一般。

安娜被眼前的景色吸引住了，望着海边出神。

"我想有一所房子，面朝大海，春暖花开。哈哈哈。"鲁约克和龙龙同时发出感慨，安娜知道，他们又想起白天的事情了。

"安娜，你真的想要一所面朝大海、春暖花开的房子啊？"鲁约克一本正经地问道。"当然了。"安娜回答说。

"那好吧，等我当了大侠挣了钱，我就在海边给你买一所房子，让你面朝大海、春暖花开，怎么样啊？"鲁约克笑着说。

"安娜，你可不要相信他，等他当上大侠，猪都会爬树了。哈哈哈哈。"龙龙打趣道。

"你敢笑话我，你……"说着鲁约克就跑到海边，和龙龙打起了水仗。

史密斯爷爷远远地望着这三个孩子，微微地笑着。

三个孩子正在沙滩上玩耍，鲁约克突然"哎呦"叫了一声，原来，他踩到了一个硬邦邦的东西。三个人赶忙蹲下去，仔细查看那个硬邦邦的东西到底是什么。

"原来是只可爱的小海龟啊！"龙龙惊喜地说。

"可是，为什么只有它自己呢？它的爸爸妈妈怎么不在呀？"安娜着急地说。

棱皮龟

蠵龟

　　"嗯……难道是迷路了？"鲁约克托起小海龟，友好地摸摸它的头，却见小海龟惊恐地把头缩了回去。

　　"这只小海龟是脱离队伍了吧。"史密斯爷爷走到鲁约克的身边，"每年的4—10月都是海龟繁殖的季节。雌海龟会在夜间爬到岸边的沙滩上，挖坑产卵，然后用沙把卵覆盖住，再回到海中。小海龟孵化出来以后，就会和兄弟姐妹们一起爬到大海里。其中爬得慢的海龟就会掉队，还极有可能被沙滩上的海蟹或鸟儿吃掉。"

　　"那我们赶快把这只小海龟送回大海里吧。"安娜从鲁约克的手中小心翼翼地接过小海龟，就要把它往海里扔。

　　"轻一点，别扔，要慢慢地把它放回海里，不然它会受伤的。"

玳瑁

绿海龟

平背海龟

龙龙着急地说。

　　"我说你们俩别这么折腾了，它都快要渴死了。"鲁约克也说。

　　于是，他们三个一起跑到海边，放下了小海龟。他们痴迷地看着这只小海龟慢慢地爬到了海里，心里默默地为它祈祷着，希望它能够顺利地回到大海的深处，并且不要被海里的鲨鱼、章鱼等动物吃掉。

　　"斯里兰卡是世界上观赏海龟的理想国家之一。全世界一共有7种海龟，分别是棱皮龟、蠵龟、玳瑁、橄榄绿鳞龟、绿海龟、丽龟和平背海龟，而斯里兰卡就分布着5种。只可惜……"史密斯爷爷连连摇头叹息道。

　　"可惜什么？"龙龙忙问。

　　"海龟虽然是海洋中寿命特别长的一种两栖类爬行动物，但是目前，海龟引以为豪的寿命正在受到侵害。它们正因为人类的破坏活动而成为世界海洋的濒危动物。"史密斯爷爷沉重地回答道。

"调查资料显示，人类排放的各种废弃物使空气受到了严重的污染，石油的泄漏及随意排放也造成了严重的海洋污染，导致了大量海龟的中毒死亡。而且，随着海边旅游业的发展，游客们胡乱丢弃的生活垃圾、固体废弃物使海滩变成了垃圾厂。这极大地减少了海龟筑巢的沙滩面积，使海龟的产卵区受到了严重的破坏。此外，由于海龟具有很高的经济价值，因此有许多人在非法捕捉它们。"史密斯爷爷看着小海龟爬行的足迹说。

　　"夜晚海滩的人造灯光还会让海龟误以为依旧是白天，耽误了它们在夜间上岸孵卵，还会使刚刚孵化出来、想要回到海里的小海龟失去方向。"龙龙补充道。

　　"看来我们要号召大家一起拯救海龟啊。"鲁约克深情地说。

　　"嗯嗯，我们必须采取一些行动，来挽救这些濒危的动物。"龙龙和安娜齐声应和道。

　　"还好，斯里兰卡政府和一些民间组织现在已经在沿海地区开

设了很多海龟保护中心。工作人员每天都会轮流巡视海滩，收集海龟蛋，放到保护中心的孵化区进行孵化，并将新生的小海龟放在池中养护。等它们过了孵化期，就会在夜间将它们放归大海。"史密斯爷爷说道，"所以你们放心好了，政府已经在想办法解决了，人类已经认识到自己的错误了，正在慢慢改正。"

"我们可以去海龟保护中心看看吗？我好想去帮助那些可怜的小海龟。"安娜问。

"当然可以，海龟保护中心是面向大众的，经常有很多当地居民和游客去参观。在那里，我们可以了解到更多的关于海龟的知识，了解它们的种类和特性以及产卵孵化的信息。我们可以利用这些知识，

动员世界各地的人们，一起来拯救海龟。"史密斯爷爷说。

　　"这样游客既达到了游玩的目的，又了解到了处于濒危状态的海龟的情况。在海边玩耍的时候，也能够自觉地注意保护沙滩的生态环境。"鲁约克欢喜地说。

　　"嗯嗯，我们以后一定要保护好生态环境，不能再让这些可怜的小海龟无家可归了。"龙龙也说道。

　　"好，孩子们，以后你们就要这样做，秉承这样的思想，并让更多的人参与到这样的活动中来。这样，世界才会变得更加美好！"史密斯爷爷深情地说道。

第十一章
斯里兰卡的原住民
——韦达人

行走在斯里兰卡茂密的丛林里，安娜突然想起一件事情。她一脸困惑地看着史密斯爷爷，问道："爷爷，我看到周围商店里有卖毛皮的，

还挂有原始人狩猎的照片。难道斯里兰卡还有原始部落存在吗？"

"小安娜真是细心呀！"史密斯爷爷赞叹道，"在斯里兰卡东部的森林中的确生存着这里最早的原住民——韦达人。他们至今仍按照原始的狩猎方式生活在这片热带丛林中。"

"原来真的还有原始部落存在呀！真想看看他们的生活环境是什么样的？和我们有什么不同？"鲁约克兴奋地说道。

"对，有比较才会有发现，这就是我们研究问题必须具备的素质。"史密斯爷爷赞赏道。

"那他们是怎么在这里居住的呀？"龙龙很感兴趣地问。

"两千五百年前，斯里兰卡岛屿的东部还是一片茂密的原始森林。韦达人在僧伽罗人的驱逐下，来到了这片森林。他们一直按照最原始的

方式生活。现在，他们分成了四个居住部落。每个部落的人民都十分团结，他们在一起过着和谐宁静的生活。"史密斯爷爷解释说。

"那他们一定有很多不同于现代文明的地方吧？"鲁约克也饶有兴致地凑过来说。

"对，韦达人主要靠狩猎为生。由于他们擅长射箭，在很久以前，还被王室军队所重用呢！他们打猎用的弓箭上的弦都是自己用树皮纤维做成的。韦达人用箭的聪明之处就在于他们会在箭头上把弦打成一个活口节，这样在打猎时就可以随意调整箭弦的松紧度。"史密

韦达人

斯爷爷拿起地上的一根树干，拨开漫过膝盖的草丛，继续说着。

"这些韦达人还真聪明啊！"安娜感叹道。

"万一有动物没有被射死，尤其是那些体型比较大的动物，它们带着伤跑掉了怎么办？"鲁约克好奇地问。

"这个就不必担忧喽，"史密斯爷爷笑着说，"韦达人是非常聪明的。他们在打猎前，会从一种树上提取汁液将其涂抹在箭头上。这种汁液不会使动物死去，但可以麻醉动物的肌肉，使被射中的猎物根本就没有逃跑的机会。"

"韦达人真有智慧！他们长什么样啊？我真想见识一下他们的庐山真面目呢。"龙龙环顾四周，想看看周围有没有韦达人的足迹。

不一会儿，一阵"嗡嗡"声传了过来，四个人停住了前行的脚

步。他们小心翼翼地扒开杂草丛，看到前面不远处，有几个身材高挑的人，他们长着纤细直挺的鼻梁，用一块布遮住了身体的下半身。"难道他们就是原始人吗？"安娜低声问道。只见那些人把手直接伸进了蜜蜂窝，正在取蜂蜜吃。三个孩子惊讶不已，安娜还差点儿叫出了声。龙龙赶紧捂住安娜的嘴巴，生怕被那些人发现了。

史密斯爷爷见怪不怪地说："嗯，对，他们是原始人，也就是我们刚提到的韦达人。没关系的，虽然韦达人是生活在森林里的原始部落，但是他们现在已经了解了外面世界的人和事物，还会热情地对待来这里的人，所以我们不必担心被他们发现。"

"真的吗？史密斯爷爷您说的是真的吗？那我就放心了。"龙龙激动地说道。

"史密斯爷爷，我发现他们刚才掏蜂窝的时候，那些蜜蜂竟然没有蜇他们。这是怎么回事啊？！"鲁约克诧异地问。

"这个或许就是韦达人的一个神秘之处吧。此外，在酷热的天气里，他们还能够耐住炎热奔跑狩猎；在河床要枯竭的时候，他们还能很快地找到水源。"史密斯爷爷意味深长地回答道。

"爷爷，您说在现代文明的冲击下，这些古老的部落会不会消失掉？"爱思考的安娜提出了一个值得深思的问题。

史密斯爷爷回答说："这是一个非常受关注的话题。现在，生活在斯里兰卡的韦达人已经出现了两种情况：一种依然按照原始的生活方式生存着。对于这些韦达人来说，只要自然资源富足，在大自然里生活并不是一件很困难的事情。但是受斯里兰卡佛教文化的影响，动物必须得到很好的保护，所以他们的活动范围会受到法律的限制。也

就是说，他们只能在一个特殊划定的区域内生活。另一种韦达人则是由当地政府提供耕地和物种，正尝试着以耕种和畜牧为生。对于他们而言，饥饿已经不再是问题。但是让他们感到非常无助和茫然的是，为了提供粮食，他们曾经的家园正在被政府改成灌溉区，一些韦达人甚至被强行赶出了家园。"

"这个我了解。"龙龙黯然道，"我在电视上看到过相关的报道，很多时候韦达人都被人们误解成原始族群。从外面闯入这

个岛屿的人把自己当作捕猎者，同时把他们看作是被猎捕和被鄙夷的群落。"

"怎么可以这样呢！万一哪天韦达人绝种了，这些鄙夷他们的人都必须负上不可推卸的责任！"鲁约克愤愤地说。

"我觉得人们不应该把韦达人当作怪物来看待，而是应该把他们视为一个有着特殊社会体系和文化的族群去好好地保护。毕竟，他们

是已经存在了上千年的民族群体。"安娜也发表了自己的见解。

"韦达人是一个很团结的群体。他们的酋长为了所有人的利益已经在向政府争取权力了，不过最后还是只能生存在规定的区域内。"史密斯爷爷失落道，"唉，或许保存韦达人文化的最好办法就是把他们与外界隔离开来吧。"

第十二章
濒危的爬行动物

回到度假村，三个孩子趴在桌子上，开心地谈论着这几天的历险经历。

"我好喜欢这里的大海，碧蓝碧蓝的，如果可以的话，我想拥有一所面朝大海的房子，然后每天和小海龟一起玩耍……"说着说着，安娜的脑子里浮现出了一幅美丽的场景：浪声阵阵的海边，在沙滩的不远处有一幢粉色的小别墅。美丽的夕阳下，安娜在海边玩耍，一只小海龟正慢慢地爬向她身边，想要与她分享快乐的故事。看着一天天

长大的小海龟，安娜和它约定，以后每天傍晚都一起在海边的沙滩上玩耍。

"鲁约克，记得你的承诺哦，要给我买一所房子，面朝大海，春暖花开，哈哈。"安娜笑着说道。

"我……我就随便那么一说，你还当真了。"鲁约克不好意思地挠了挠头。

"哼，就知道你不会给我买，以后我自己买，把你们都赶出去，别想进我的家门。"安娜佯装生气地说道。鲁约克知道她肯定没有生气，继续说道："我嘛，还是很喜欢这里的食物的，这里的人民也都很热情，嘿嘿……"

"那你以后可以考虑找个斯里兰卡的新娘哟。"安娜"愤愤"地说道。

"这个等以后长大了再好好考虑考虑。"鲁约克依旧乐呵呵地说，逗得大家都笑了起来。

"以前我一直以为鳄鱼都很凶狠，直到上次看见那只鳄鱼妈妈为

了自己还未孵出的小鳄鱼，拼命争夺产卵地盘，我才知道，原来任何生物都有慈爱的一面。"鲁约克趴在桌子上，一边把玩着史密斯爷爷前几天送给他的玩具鳄鱼，一边说道。

"不知道那只小海龟有没有安全回到大海里？是不是生活得很快乐？"听鲁约克说起鳄鱼，安娜又想起了他们在海边遇到的那只掉队的小海龟，忧郁地眺望着窗外。

史密斯爷爷合上书，说，"经过这几天的游历，你们对爬行动物都有了哪些了解呢？大家一起分享分享。"

"从圆鼻巨蜥、沼泽鳄鱼到蛇房里的蛇，还有小海龟、蜥蜴，我发现它们的身上都长着鳞片，爬行的时候用腹部着地，慢慢地前进。"安娜轻轻地说。

　　"还有还有，它们有的生活在陆地上，有的生活在水中，有的可以同时在陆地和水中生存。"龙龙也抢着说。

　　"有一点你们两个忘记说了，爬行动物的种类非常多，仅次于鸟类，在陆地脊椎动物中排第二位。"鲁约克从冰箱里拿出食物，一边分给大家，一边说。

　　"嗯，不错，看来你们的收获都不少嘛。"听了他们的回答，史密斯爷爷很是满意。

"爬行动物是所有脊椎动物中，最早摆脱对水的依赖、来到陆地上生活的，可以适应陆地上各种不同的生活环境。在几亿年以前，爬行动物既是陆地上的统治者，也是海洋和天空的统治者，数量极其庞大。只可惜……"史密斯爷爷叹了口气，"现在，许多种类的爬行动物早已灭绝，只有很少一部分生存了下来。"

"看到那只小海龟的时候，我真怕以后再也见不到它了。"安娜伤心地说。

"那些捕杀动物的坏人太可恶了，他们怎么就不想想，如果有一天自己也被抓起来，失去自由，这种滋味该有多难受！"鲁约克狠狠地咬了一口面包，气愤地说。

"一想到动物们是因为我们人类的缘故而渐渐濒临灭绝，就觉得人类好可怕。再弱小的动物也是一条生命，人们为什么要捕杀它们，而不能和它们和睦相处呢？"龙龙说。

"这些都已经是不争的事实了。我们现在要做的就是好好保护那些濒临灭绝的动物，多多想办法补救。你们都有什么好的想法？"看见三个孩子又生气又伤心的样子，史密斯爷爷赶紧转移了话题。

　　提到保护动物，三个孩子的积极性都很高，争着讲出自己的观点："要多建立自然保护区，把那些濒临灭绝的爬行动物都放到里面，帮助它们更多地繁殖，等数量多起来再把它们放回大自然去。"鲁约克说。

　　"也可以开展驯养繁殖、人工繁殖爬行动物种群。这样既可防止和延缓物种的灭绝，也可以使人类合理地获取资源。"龙龙说。

　　"科学家应该对濒危爬行动物进行周密的监测，这样才能及时
了解爬行动物的数量变化，并掌握爬行动物的生活习惯。然后才能
按照各种爬行动物的不同习性，对它们采取科学的保护措施。"安
娜补充道。

　　"哈哈，爷爷看得出来，你们是真的用心了。"史密斯爷爷乐呵
呵地捋捋胡子说。

【保护爬行动物势在必行】

　　根据科学家的研究发现，现在全世界已经有四分之一种类的爬行动物陷入濒危的边缘。在爬行动物中，有很多动物的历史都非常悠久，比如蜥蜴、鳄鱼等已经在地球上生活了几亿年。而且，爬行动物也是生态系统的重要组成部分之一，它们既是食物又是捕食者。一旦爬行动物灭绝了，那么其他动物也会跟着灭绝。为了保护生物多样性，保护爬行动物势在必行。